著 > [马来西亚] 文煌/周文杰

绘 > [马来西亚] 氧气工作室

X探险特工队 科学漫画书

困兽游戏

遗传与克隆

海峡出版发行集团 | 福建科学技术出版社
THE STRAITS PUBLISHING & DISTRIBUTING GROUP | FUJIAN SCIENCE & TECHNOLOGY PUBLISHING HOUSE

序

世界之大，无奇不有。我们生存的地球依然有许多未解之谜，更何况是神秘莫测、犹如大迷宫的宇宙呢？虽然现今日新月异的科学技术已发展到很高的程度，人类不断运用科学技术解开了许许多多谜团，但是还有很多谜团难以得到圆满解答，比如宇宙，以现今的技术只能窥探出其中的一小部分。

从古至今，科学家们不断奋斗，解开了各种奥秘，同时也发现了更多新的问题，又开启了新的挑战。正如达尔文所说："我们认识越多自然界的固有规律，奇妙的自然界对我们而言就越显得不可思议。"人类的探索永无止境，这也推动着科学的发展。

"X探险特工队科学漫画书"系列在各个漫画章节穿插了丰富的科普知识，并以浅显易懂的文字和图片为小读者解说。精彩的对决就此展开，人类能否战胜外星生物呢？

人物介绍

X-VENTURE TERRAN DEFENDERS

小宇

好奇心重的英雄主义者，性格冲动，但具有百折不挠的精神。

石头

诚实可靠，且非常擅长维修机器，食量大，对昆虫着迷。

小尚

分析力强且聪明冷静，致命弱点是害怕昆虫。

研究室基地行政人员，教授的得力助手，是一位成熟、美丽、大方的女人。
戴安娜
来自纽西兰的毛利舞者队。
三人性格各异，
却异常可靠。
哈莉
哈琪
哈娜

查莱尔
幽暗术士之一的
怪兽术士，轻佻，
爱玩。爱设计
各种战斗关卡
玩弄敌人。
小S
博士发明的小机器
人，有扫描、分析、
记录、摄影、通信、
开启保护罩等功能
的超级微型电脑。

目录

*本故事纯属虚构

第1章 原本不属于澳大利亚的山

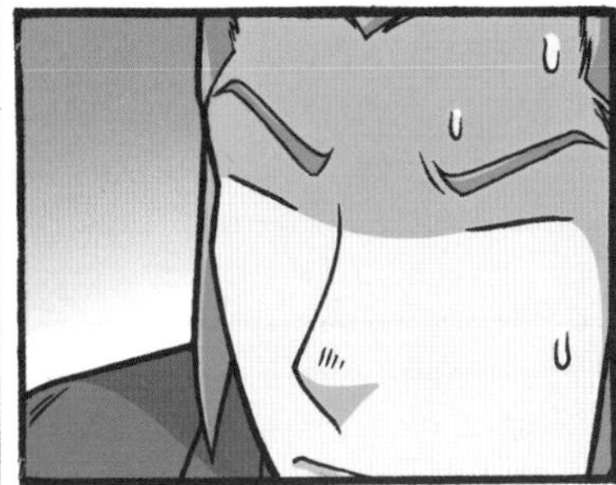

你还有闲情看影集，现在已经出现到处狩猎外星人的家伙了！
听说他们带来的外星怪兽还会吃人类！这一定会引起骚动的！
早就建议你们不要收留这些外星人，现在引来了更可怕的家伙，你说该怎么办？

别一竿子打翻整条船，不是所有外星人都是邪恶的。
天洛，别那么绝情！
大家别争了，现在最重要的是把他们找出来。

其实……
艾玛局长已经
在调查这起事件
了，请大家放心。
哼！不然你们
以为我真的只会
看影集吗？

我已经查出
疑似神秘人的
藏身之处了，
就在澳大利
亚！

而且已经
派了重机战队
前去。
真相很快就会
水落石出！

你们是毛利
舞者队吧？
多谢你们的
帮忙!!
双胞胎？

你们是
X探险特工队？
哈琪
哈娜
想不到连
你们也加入了
异星调查局。

对了，那只
黑毛猴呢？
我要再跟他较
量一次!!
黑毛猴？

她们说的黑
毛猴该不会
是小宇吧？
嗯，是的……
小宇以前好
像跟她们有
一些过节。

喂！你们打伤了我手下那么多人，我是不会放过你们的！
放心，我刚才告诉了她们别下重手，你的人没事。

我们还在附近顺便收拾掉了一只宇宙蚁狮呢！
干得好！

什么？那是我们花重金买来的啊！我要你们赔！
毛利舞者队
队长 哈莉

先别聊那些，看看我们的排名，已经在第14位了！你们还排在第25位呢！
战队排行榜
11 钢铁绅士
12 枫叶战士
13 冰川极光
14 毛利舞者
15 沙漠进击队
16 法老王
哈哈哈，你高兴就好……

就算没有宇宙蚁狮，我们也一定会战胜……

我的同伴说战争已经结束……
!

你们的女王被魔吼兽吃掉了!!
怎么可能？魔吼兽是女王控制的!!

魔吼兽是女王故意为你们制造的一个共同敌人，迫使两支军团并肩作战，并希望借此消除两支军团之间的仇恨。
但不知为什么，魔吼兽把女王吃掉了。

魔吼兽非常危险，请告诉我们跟你做交易的幽暗术士在哪里！
我不知道……

好吧，要成为烤鸡还是鸡肉串，你自己选择。
感觉会很好吃！
佳手，幽暗术士是单独来见我的，我真的不知道啊！

还是让大姐姐我来告诉你吧！

幽暗术士就
躲藏在这片红
土沙漠里！
大姐？

你是……
那姐妹俩的
姐姐吗？
是的，我叫
哈莉。我比她们
更早加入异星
调查局呢！

抱歉，我的
妹妹一个暴躁，
一个阴沉，一定
很没礼貌吧?!

还是你这种
又圆又可爱的
小弟弟最好！
大姐嫌弃
我们……

铁兽队已经找到
关于那些外星
人的线索了。
先走一步
多亏铁兽队
熟悉这里的
地形。

铁兽队发现了一座
本来不属于澳大利亚
的怪山，可能是那些
外星人的巢穴。
好，出发吧!!

你们会救
出女王吗?
当然!

你们可别
趁我们不在
又开战!
不能因为仇恨而
战斗!

想要战斗，
就好好想一下
你们是为何而
战吧！

嗖——
我说
你们……

为什么
要跟来啊？
哈琪，
你太没礼
貌了！

我们的同伴也
会去那里，人多
好办事嘛！

哦？也就是
说那只黑毛猴
也会来啦！

啪嚓！
那是？

啪嚓！
铁兽队的
铁拳袋鼠？

库柏
喂！
快闪开啊！

咔嚓！

嚓！
这条“鱼”能在沙地上大摇大摆地游泳，就叫它“大摆鲨”吧！
别开玩笑了！它是我们在那座怪山上发现的怪兽！

小心！
那是等级35级
的烈牙鲛！
嘎！

认识基因

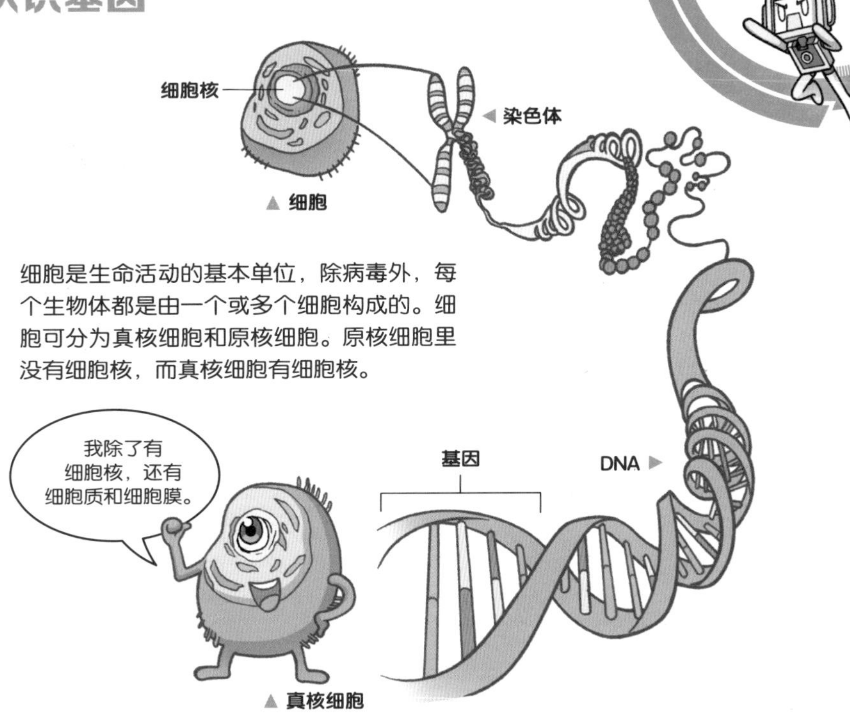

细胞是生命活动的基本单位，除病毒外，每个生物体都是由一个或多个细胞构成的。细胞可分为真核细胞和原核细胞。原核细胞里没有细胞核，而真核细胞有细胞核。

染色体存在于细胞核里，因容易被碱性染料染成深色，所以叫染色体。染色体是成对存在的，由DNA和蛋白质组成。人类一共有23对（46条）染色体，一半来自母亲，一半来自父亲。染色体中有一对是能够决定性别的性染色体。男性体细胞的性染色体是X染色体和Y染色体，女性体细胞的性染色体则是2条X染色体。

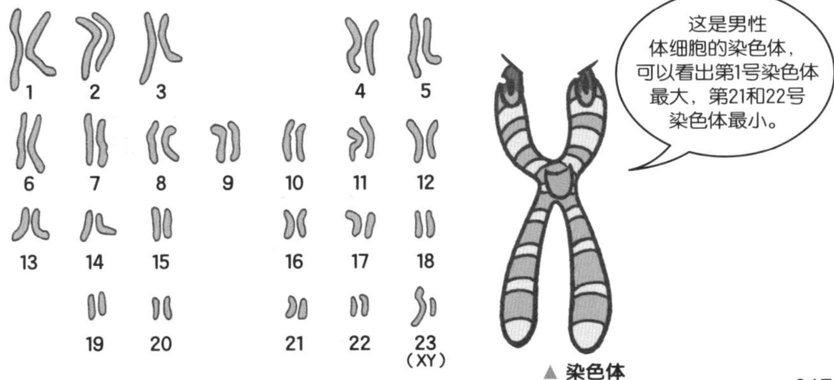

DNA是脱氧核糖核酸，携带着遗传物质，以染色体的形式存在于细胞核里。DNA的外观为双螺旋结构，由含氮的碱基、脱氧核糖和磷酸组成。人类的DNA皆遗传自父母，携带着DNA的精子和卵子结合后，便会形成一个受精卵。受精卵生长需要进行细胞分裂，细胞分裂时会自行复制DNA，每个细胞的DNA是一样的。

基因是染色体上控制生物性状的基本遗传单位。基因通过指导蛋白质的合成来表达自己所携带的遗传信息，从而控制生物个体的性状表现。每对染色体上存在的基因种类和数量都不同，而不含遗传物质的DNA片段则没有遗传效应，但具有调节遗传信息的功能。人类有20000至25000个基因。

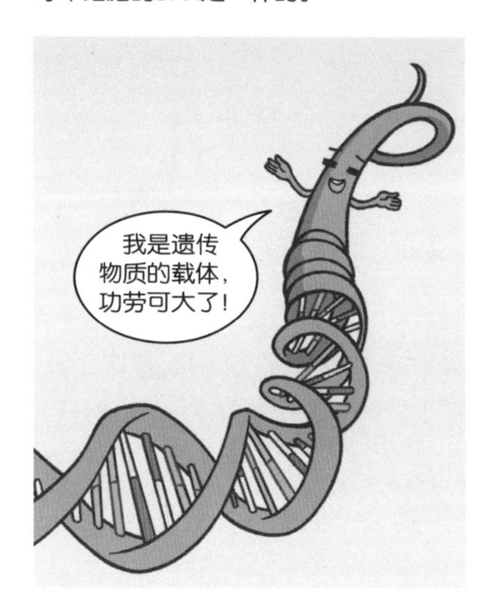

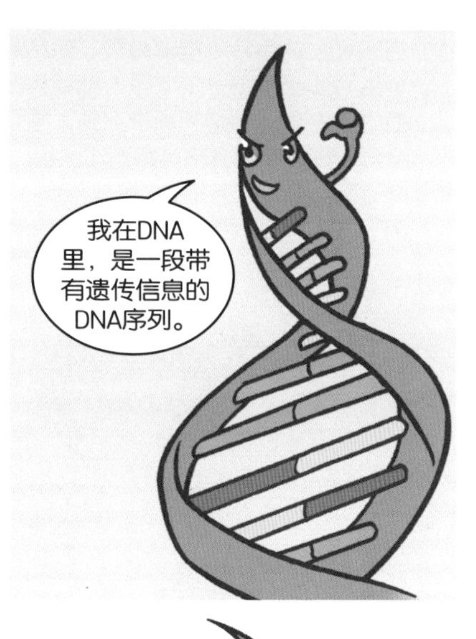

DNA分子中的磷酸分子和脱氧核糖通过交替连接的方式排列在分子外侧构成基本骨架，并通过碱基连接起来。DNA的碱基可分成腺嘌呤A、鸟嘌呤G、胸腺嘧啶T、胞嘧啶C。碱基通常是成对出现的，A配T，C配G，形成碱基对。人类所有的DNA共有30亿个碱基对。

小知识 DNA虽然含有遗传信息却无法直接表现出遗传特性，DNA需要转录成单链的RNA（核糖核酸），再经过复杂的过程合成蛋白质后，才能使生物体表现出各种遗传特性，如单眼皮或双眼皮、黑眼睛或蓝眼睛等。

第2章
怪兽的邀请

嗖——

石头和安娜姐跟毛利舞者队一起行动了。

毛利舞者？
为什么一听到这个名字，我就有一种不安的感觉。

那是什么低等级的队伍？可别拖我们的后腿……

敌人的巢穴
可没那么容易
闯入啊!!
唰
砰!
砰!

哈琪，
这样战斗很
危险啊！
先让
我们进驾
驶舱吧!!

坐不进
来啦！先
抓紧!!
嗞!

啪嚓!
?!

啪嚓!
这怪鱼
见我们人多
想逃吗?

沙!沙!
库柏小弟,
你的队长
呢?
队长
在山上正
准备狙击
怪鱼!

啪嚓!!

队长，我已经按你说的抓住它了，你快出击吧!!
干得好!!

看你这次还能钻哪里去!
雅冈

钢牙袋狼
咔嚓!!

任何
铠甲也防不
住钢牙袋狼
的利牙!

啪嚓!

锵!
?!

背甲
伸长了？

居然可以
将背甲变成鳍，
我看还是改叫它
“鱼翅甲鱼”吧！
这种时候
别一直想着
替它改名
字啦！

嘎！

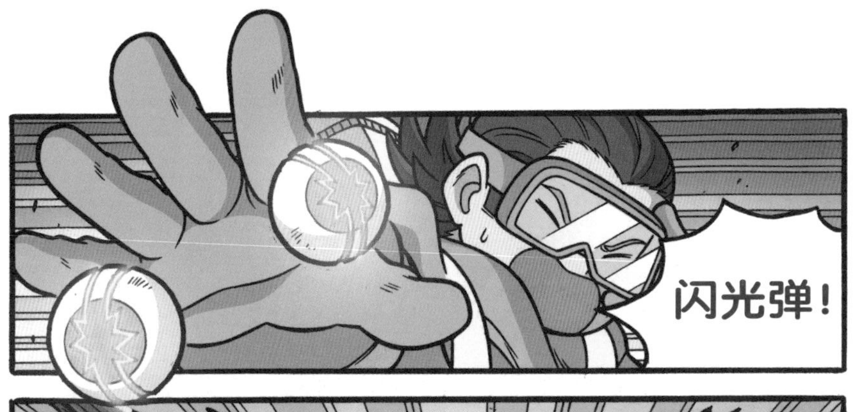
闪光弹！

嗖！
?!

好，
反击吧！
啪嚓！

反击什么？
我也被闪
到了！
不是吧？

子弹拳
啪嚓!!

嗖!
?!

这只怪兽为什么只是一味地闪避呢?

休想逃!!
咔嚓!!

钢牙旋风!!

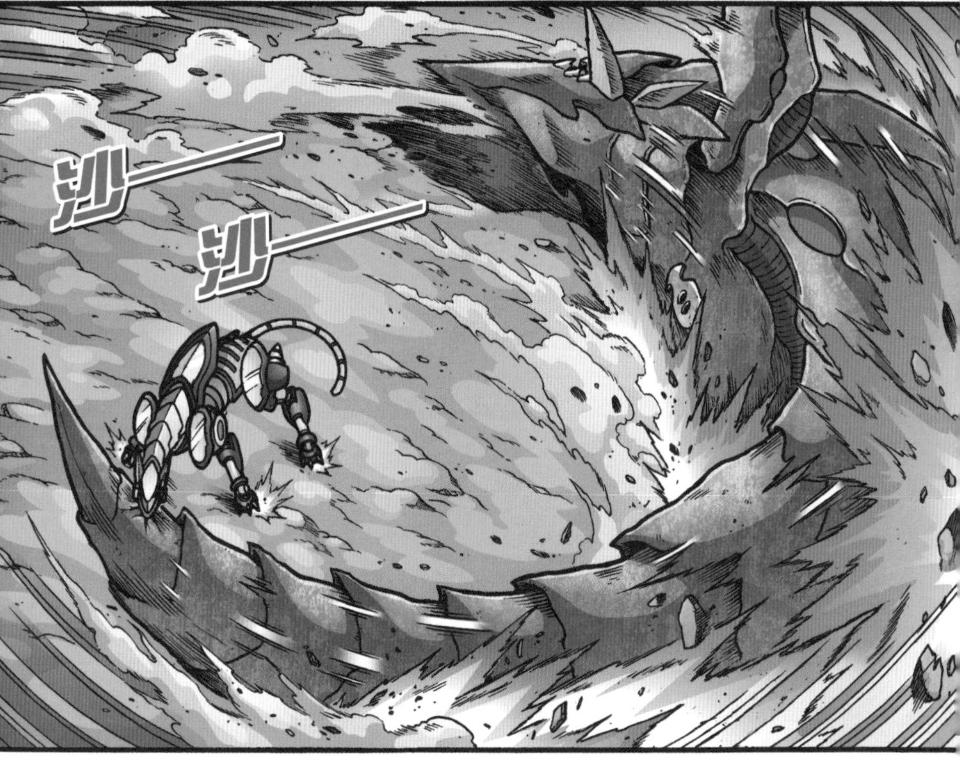
沙——
沙——

大切断之舞!!
嗖!

唰！
唰！
唰！
咔嚓!!

啪嚓！！

嘿嘿，是我们打倒的！
雅冈，找到那怪山的入口了吗？

其实我们刚才发现了一个入口，但我怀疑那是陷阱！

那我们分头调查吧！妹妹们保护好小胖弟弟……
沙沙
！

嘎！
?!

啪嚓！
啪嚓！
啪嚓！

哈莉！

遁地
逃了！

我们也
下去吧！或许
能更好地开展
营救工作。

队长，你
真的不打算
进入刚才发现
的入口吗？

拜托，你会
打开家里的大门
让敌人进入吗？
那洞里可能有更多
的外星怪兽！
但刚才一
远离那个入口就
遭到了烈牙鲛
的袭击啊！

沙
沙

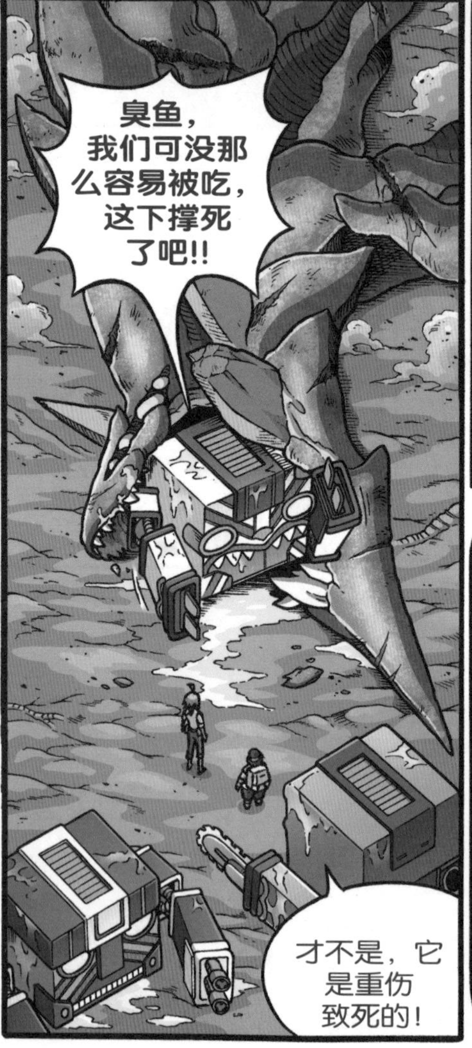
臭鱼，我们可没那么容易被吃，这下撑死了吧!!
才不是，它是重伤致死的！

安娜姐，你刚才为什么阻止毛利舞者队攻击这只怪兽的内脏呢？
因为它带我们进入巢穴会更快。

它刚才一直不进攻，只是一味地乱钻，好像是想引诱我们去某个地方。
我怀疑它并不是在袭击我们，而是想带我们来这里。

这里地形
怪异，难道就
是那个外星人
的巢穴？

恐怕我们
是被“邀请”
来的！

那外星人
想向我们挑
战吗？

好，我们
毛利舞者队
接受你的
挑战！
……

哈琪，
你的性格很
像小宇。
我才
不像那只
黑毛猴！
吱
吱

小宇不就是
哈琪一直念念
不忘的小弟弟
吗？
大姐你
别胡说，才
不是那样!!
嘻嘻嘻，
游戏开始了。

转基因技术

转基因技术是指利用基因工程或生物技术，从生物体中挑选出所需的基因转移到另一种生物体中，以产生特定的具有优良遗传性状的个体，或从该生物中精确地挑选出某种基因，使该基因不再活跃，以延长保存期等。利用这种技术产生的食品可称为“转基因食品”。

如何制造转基因农作物

1 从苏云金芽孢杆菌中发现能消灭害虫的蛋白质。

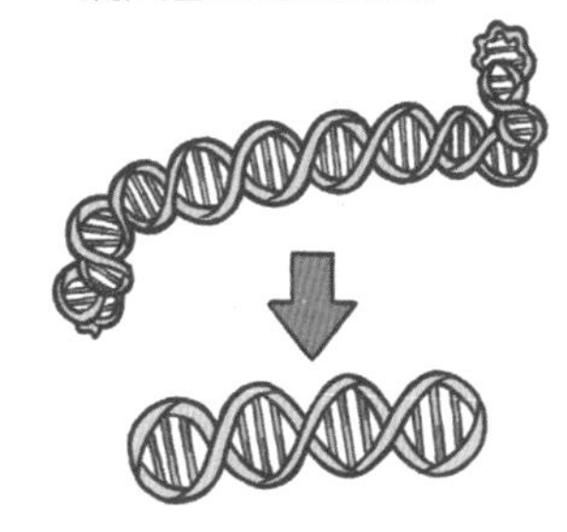

2 从中提取有关的基因。

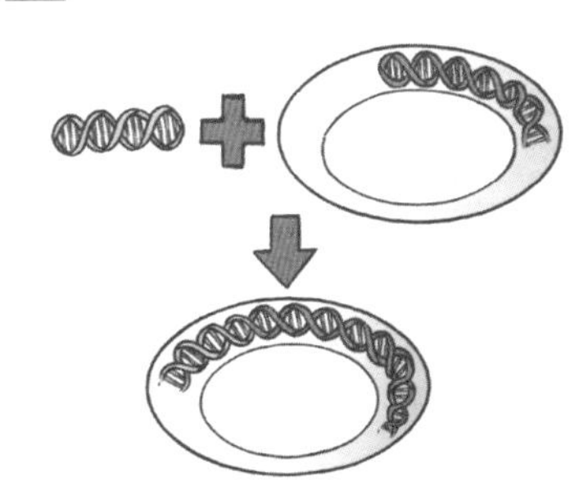

3 运用重组基因技术，将提取的基因和质粒（大多存在于细菌中，含有自主复制的DNA分子）结合成为重组基因。

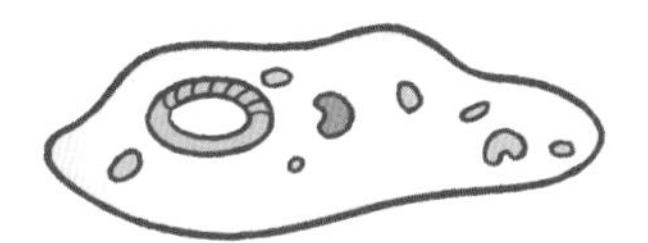

4 将重组基因放入另一种细菌内以制造更多的重组基因。

5 将玉米的细胞和含有重组基因的细菌放在培养皿中一起培养。这时，重组基因会转移至玉米的细胞里。

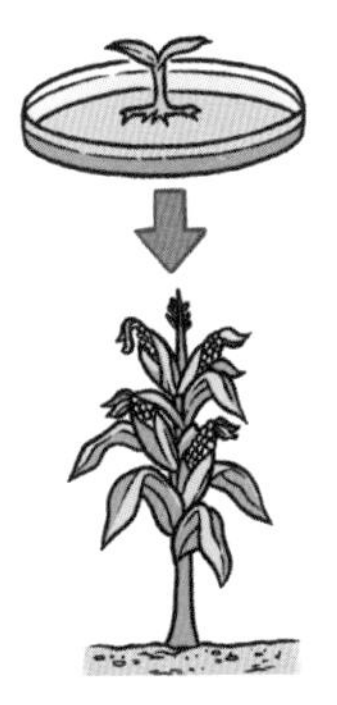

6 含有重组基因的玉米细胞长成幼苗，最后形成的玉米经过测试含有抵抗害虫的基因，这便是转基因农作物。

转基因技术与传统杂交的区别

在转基因技术出现之前，人类都是利用植物杂交方式来改良农作物，虽然两者都是通过人为的方法改良植物的特性，却有很多不同之处。

转基因技术	传统杂交
可以选择特定的基因	无法选择特定的基因
可以将选定的任何基因转移到另一个物种，如把小麦耐寒的基因转移到水稻	只能与同一个物种杂交才能有后代
短时间可以看到预期效果	需要长时间观察，并不停地重复杂交育种过程，才能取得预期效果

转基因食品有什么不同？

如今，转基因技术越来越先进，转基因食品也出现在我们日常生活中，让我们来看看有哪些吧！

转基因食品	改造后的特性
黄豆	能抵抗除草剂
番茄	耐贮存、甜味提升
木瓜	能抵抗病毒
水稻	提高营养成分含量，如蛋白质、维生素A等
玉米	能抵抗害虫和除草剂
马铃薯	能抵抗害虫和病毒、硬度大

第3章
幽暗术士的游戏

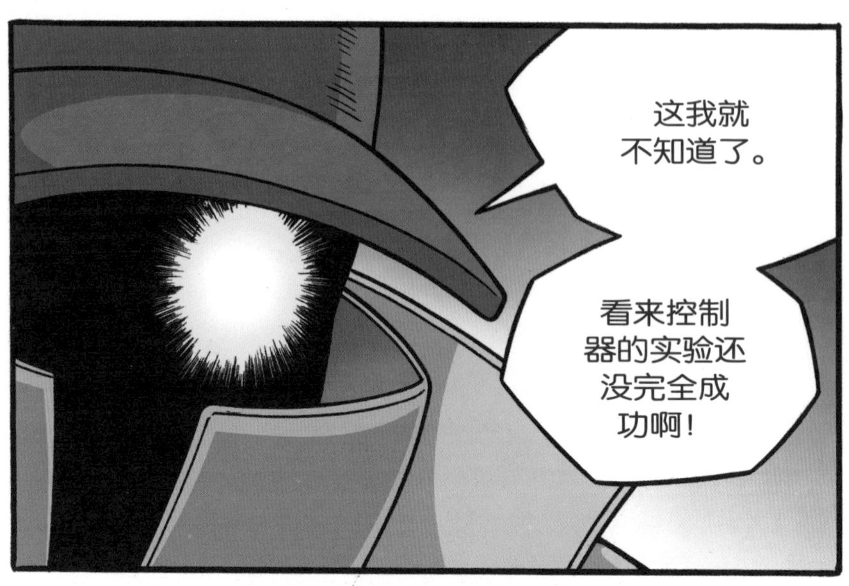
这我就
不知道了。
看来控制
器的实验还
没完全成
功啊！

实验？
你把魔吼兽
卖给我是为
了实验？
你知道它
给我的国家造
成了多大的
伤害吗？

实验都
是伴随着
牺牲的！
你太卑
鄙了！

你和我也差
不多……

你和我交易的唤星石，似乎只有你才能启动！

你把我的国家当作实验场，我不会启动它的！

呵呵，倔强是要付出代价的，我尊贵的女王……

如果这代价是艾亚姆全国子民的性命呢？
目前只有唤星石可以感应到我们正在寻找的能量，所以我们会不惜一切代价来启动它。
！
只有这样，我们才能找到那个当年抢走我们能量的地球人。

找到他的
那一天，我们就开始
实施重夺穆玛星
的计划……
那个地球人
要交出生命！

这地方看起来
不像是山洞，
更像是肉块。
捏
捏
……

好诡异……

欢迎参加
困兽游戏！

我是主办人，
查莱尔。
!!

你就是放任怪兽到处作乱的凶手？快出来一决胜负！
哈琪，你大吼大叫的样子真的很像小宇。

别拿我跟那只黑毛猴相提并论！

你把怪兽投放在世界各地，到底有什么目的？

如果我现在就告诉你们，未免太无聊了，不如……

每打赢一只怪兽，我就告诉你们一个答案，再给你们一把出口的钥匙，怎么样？

事不宜迟，
马上开始！
哒！
这是你们的第一个对手！
变形猿！

是等级15级的怪兽，身高只有一米。
哈哈哈！居然派个小不点来跟我们打！

咕噜
咕噜
不过在战斗时，它可以把自己的身体变大，身高会达到一个成年人的身高……

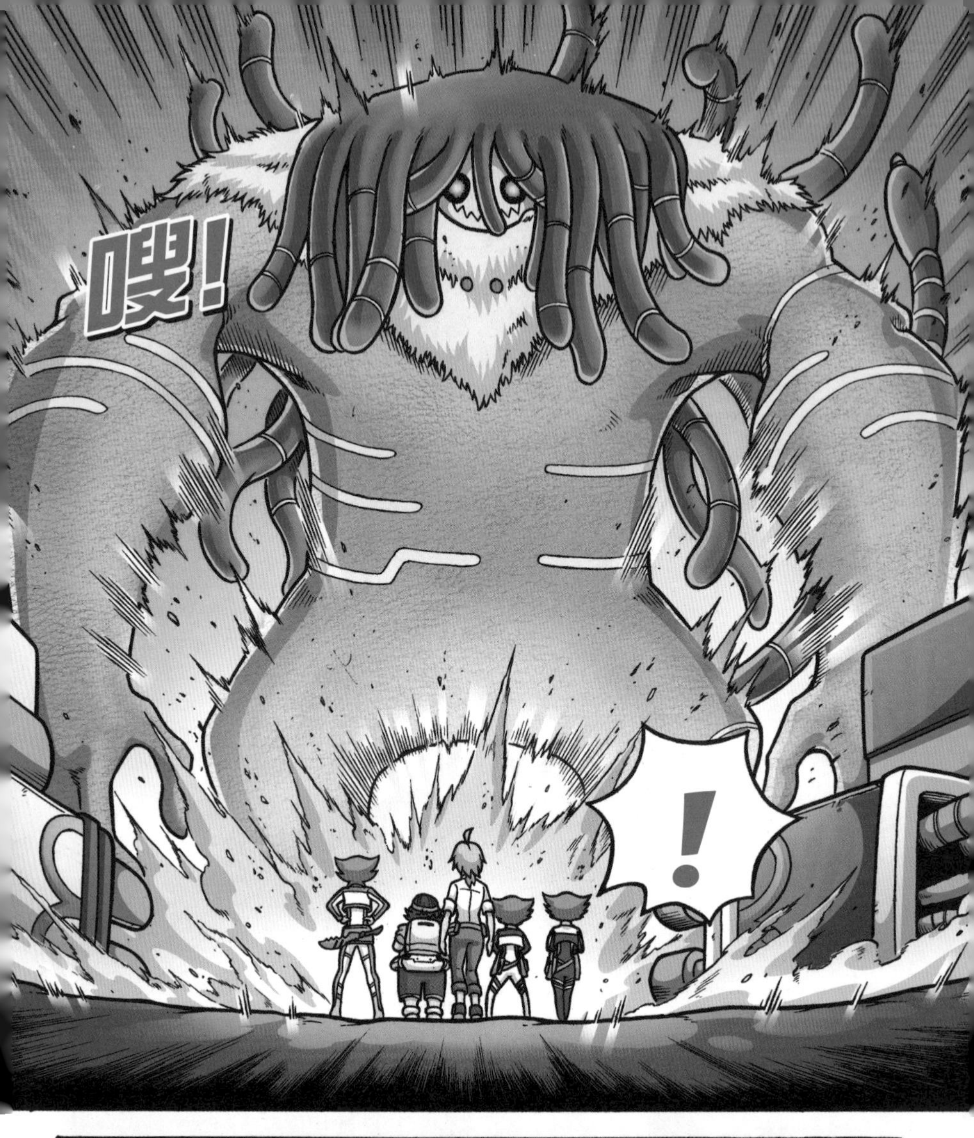
嗖！
！

这哪里是像
成年人那么高？
这明明是像巨人
那么高啊！

我的怪兽都是经
过改造的生物，别
用一般的常识
来判断。
为了公平
起见，我允许你们
三对一，如果赢了就
可以晋级下一关。

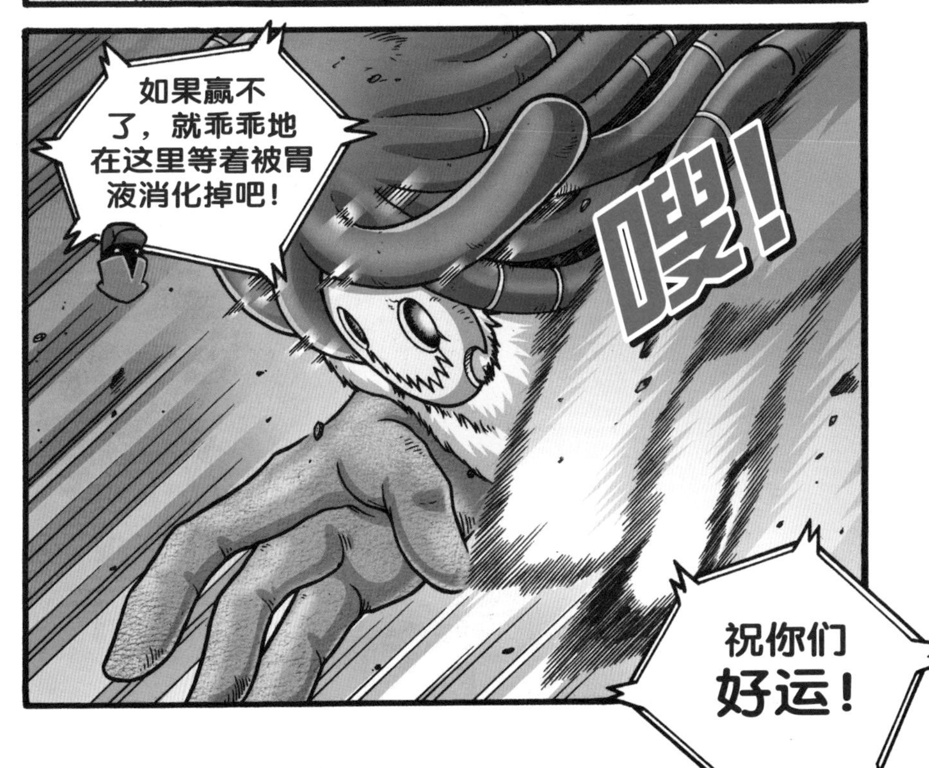
如果赢不
了，就乖乖地
在这里等着被胃
液消化掉吧！
嗖！
祝你们
好运！

啪嚓！
我来牵制它，
你们快去启动
机器人！
轰！
轰！

异星百科上
说它的头部是
全身上下最脆
弱的地方！
交给我吧!!

嗖！

电晕你！
嗞！
嗞！
嗞！

啪 嚓！
?!

咔
嚓！

无效吗？

唰
砰！
砰！

啪嚓！
啪嚓！

啪嚓！
啪嚓！

这只怪兽好强啊！难道就没有弱点吗？
任何生物都有弱点……

就算是
外星生物，应
该也一样！

队长，
我们已经走
了很久，真的
没问题吗？
少啰嗦，
继续找就
对了！

知识小百科

转基因食品

黄金大米

通过采用转基因技术，在水稻的胚乳部分添加β-胡萝卜素，可使原本白色的水稻呈现金黄色，黄金大米由此得名。β-胡萝卜素在人体内会转化成维生素A。根据世界卫生组织的资料显示，全世界有约1.9亿儿童因贫穷而面临缺乏维生素A的困扰，这可能会引起夜盲症及儿童生长发育疾病，科学家当初研发黄金大米的目的就是为了改善这种情况。但公众对黄金大米等转基因主食的信任度总体上仍然偏低。

三文鱼

美国科学家从鲑科的大鳞大马哈鱼体内提取生长激素的基因并植入了大西洋三文鱼的鱼卵中，从而培育出生长超快的大型转基因三文鱼。比起一般的三文鱼，这类转基因三文鱼只需三分之一的养殖时间即可长成。如今美国食品药品监督管理局（FDA）批准转基因三文鱼可上市销售。

荧光鱼

科学家将水母中的绿色荧光蛋白基因植入斑马鱼的鱼卵基因中，使斑马鱼在自然光下可发出红色、绿色、橙黄色、蓝色、粉红色或紫色的荧光，并作为一种观赏鱼出售。虽然荧光鱼无法繁殖，但是可能会对自然界的生态造成未知的风险。

转基因技术的利与弊

利	弊
• 经过转基因技术处理的农作物可具有生长速度加快、抗害虫、抗病毒、抗除草剂、抗低温、延长保存期限、耐运送、利于加工等特性。	• 虽然目前没有食用后导致人体有害的记录，但长期食用是否会改变人体的激素分泌、破坏人体新陈代谢等还难以确定。
• 能解决因人口激增、气候不佳、土地贫瘠、耕作方式落后等因素而产生的粮食短缺问题。 • 将蛋白质、维生素等添加到食品中，可提高食品的营养价值。	• 如果有抗除草剂基因的农作物将抗除草剂基因传播给近亲植物，导致其他植物也有转基因的特性，就会扰乱生态平衡。此外，如果该基因传播给杂草，那么杂草就难以被清除，继而危害农作物的生长。而且，农民为了清除杂草，会使用更多农药，造成环境污染。

被误认为转基因植物的天然植物

有的植物长得与同物种不一样，而被误认为是转基因植物，其实它们都是天然的植物。

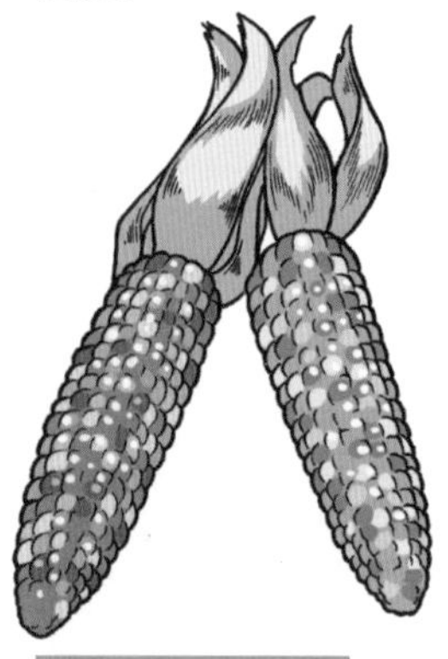

彩色玉米

农夫挑选出不同颜色的玉米，经过天然杂交后成功培育而成。

罗马花椰菜

来自意大利的天然植物，外形类似花椰菜，口感爽脆，营养价值高，也被称为“青宝塔”。

方形西瓜

为了节省空间、方便储存运输，在培育时，将西瓜放进透明的方形盒子里生长而成。

第4章
变形猿的头部在哪里？

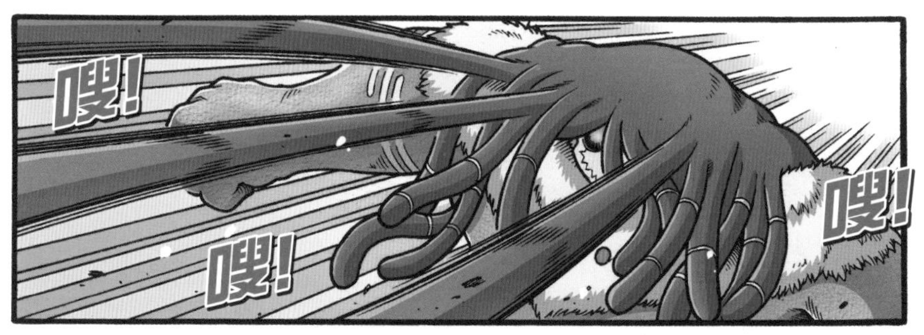

臭猴子，
别以为只有
你能变成大
个子！
咔！
咔
嚓！

咔
嚓！
我们
也可以！
咔
嚓！

嘭！
四方
大战士
登场！

我不信
打不晕你！
嗖！

啪嚓！
啪嚓！

一拳不行，
再来一拳！

嗖！
嗖！

它居然
缩小了！

嗖！
嗖！
嗖！

咔嚓！

暂时先
解体吧！

咔嚓！

毛利之火！
呼——

嗖！
嗖！
……

喂！你们是来野餐的吗？
我们在替你们想办法啊！
资料上说变形猿的头部确实是最脆弱的部分，轻轻一拍就会晕倒。

除非它的头部并不是真正的头！

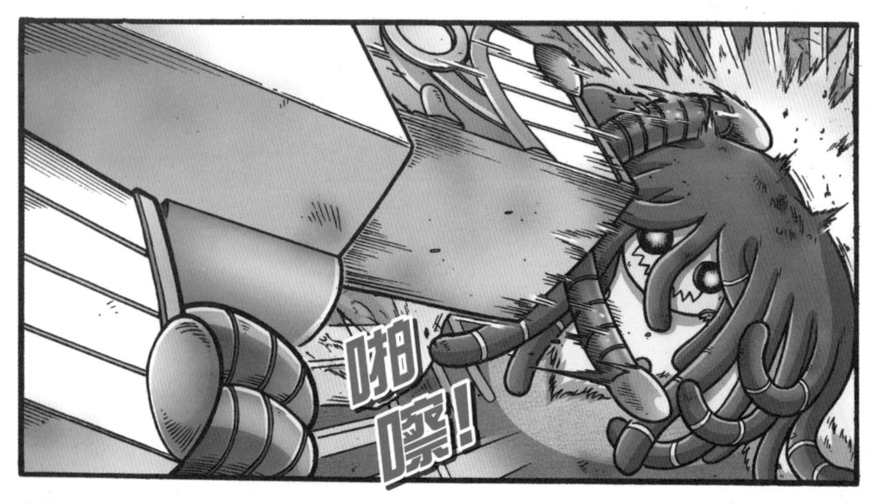
啪嚓！

喀嚓！

又缩小了！

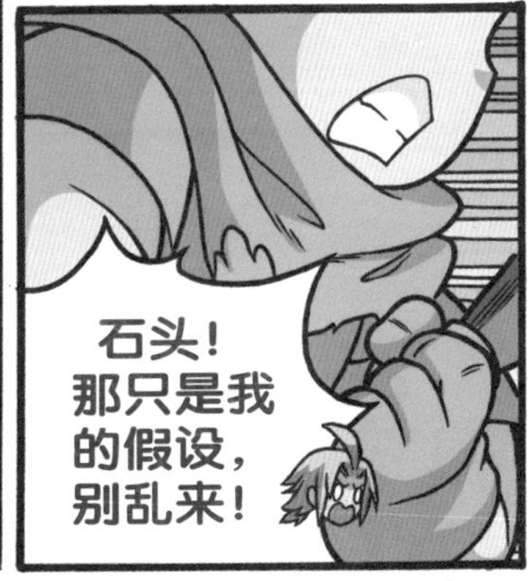
石头！那只是我的假设，别乱来！

小宇制胜的法宝就是出手毫不犹豫！
别学那小子鲁莽行事啦！

啪嚓！

果然，它并不是变形猿，而是采用转基因技术改造后的生物！
原来那个头只是诱饵！

小胖弟弟果然可靠！

姐姐要出招了！

啪嚓！

嘿嘿，
一根手指就能
收拾你！

成功了！

臭绿衣人，
居然敢骗我们，
幸亏被那个胖子
识破了！

小宇也曾经在
战斗中放弃机器人，
以血肉之躯出击，
还打赢了外
星人呢！
我不想听关于
那只黑毛猴的
任何事情，别
一直提起他！

幽暗术士，
我们打赢了！
出来兑现你
的承诺！

我说可以
三对一，但你们是
五对一，犯规了，所
以问答奖励无效，但
我还是很仁慈的。

嗖！

啪嚓！

这就是钥匙？
臭绿衣人，居然说话不算话！

如果被我抓到，我一定会把你修理一顿！
隆隆
走吧！

这座山
看起来和
其他的山不
一样，确实
很可疑。
可是铁兽
队的家伙在
哪里呢？
小宇，
谁允许你一
直走在我
前面的？

小宇……
我可能无法
跟你们进去
了……

呃……
啪！
小尚！

应该是被刚才
那只怪兽的超
声波震伤了。
当时小尚
离它最近！

弱者要有自知之
明，别影响其他
队伍晋级。
你还是
先顾好自
己吧！

丽莎，你留
下来照顾小尚，
尽量离这里远一
点，去比较安
全的地方。
是！
抱歉……
拜托了！

哒！
哒！
少了两个跟我抢功劳的家伙也不错。

哒！
哒！

哒！
哒！

X探险特工队看起来就是一群乳臭未干的小鬼。
当时真的是他们把魔装之刃的首领打倒的吗？

没有人看到当时的情况。
虽然我不想承认，但他们的实力确实不弱。

！

欢迎参加
困兽游戏！

游戏？少耍花样了，出来面对面决斗吧！

大王可不能一开始就登场，你们得先过关才行！

之前你的同伙把一个小孩抓走了。

他现在在
哪里?

呵呵，真相
必须靠实力来
弄清楚!
!

克隆

克隆技术是通过无性繁殖的方法，复制出与原生命体后代基因型相同的过程。

Reproductive Cloning（生殖克隆）：首先，在要克隆的生物身上取出一个体细胞，再用电流刺激的方法，注入另一个去核的卵细胞里，就此分裂并产生胚胎，后形成囊胚。囊胚被植入到代孕母体内，由此诞生克隆生物。

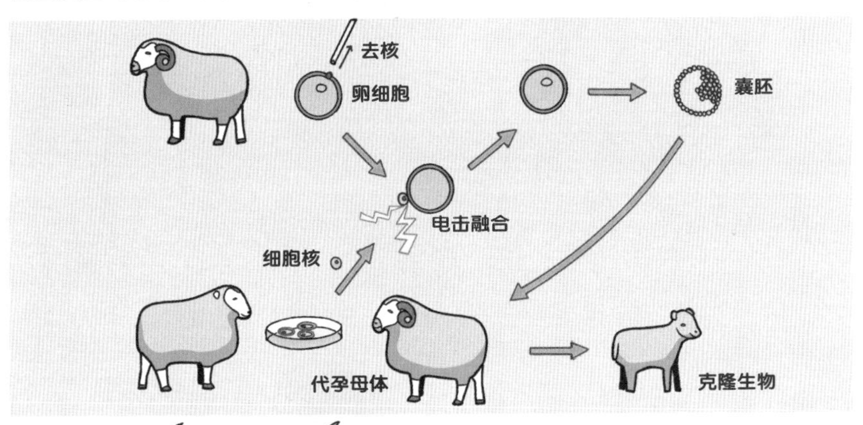

植物的克隆很简单，靠扦插和嫁接就能产生与母株遗传性状一致的新苗。扦插繁殖法根据所摘取植物的“器官”部分，可细分为茎插、根插和叶插。

克隆动物食品如牛奶和肉类已经诞生，尽管美国食品和药物管理局（FDA）已经认可了其安全性，验证了其成分与自然生产繁殖的动物相同，不过大部分人还是不太能接受。

克隆技术是医学界的一大突破，原因是它们能取代损坏的细胞和组织，解决器官稀缺和不孕症，并延长人的寿命。

药物测试适合用在克隆动物身上，促进医学发展。克隆技术也能帮助已绝种或濒临绝种的动物延续生命。

克隆的成本很高，成功率却很低。历史上首个克隆和繁殖成功的动物案例是青蛙，哺乳动物则是1996年诞生的绵羊“多莉”。此后，陆续出现克隆牛、克隆鼠、克隆兔、克隆猫和克隆猴等。

绝大部分国家都禁止克隆人，他们认为克隆人违背了道德伦理和人权。此外，由于克隆人被人为地改变性状，克隆人的存在会干扰社会和自然的发展。

第5章
地球人是低等生物？

祝你们好运！
嗞！
可恶的家伙，这样很有趣吗？

小S，你知道这只怪兽吗？
我知道，我看过的资料都会储存起来！

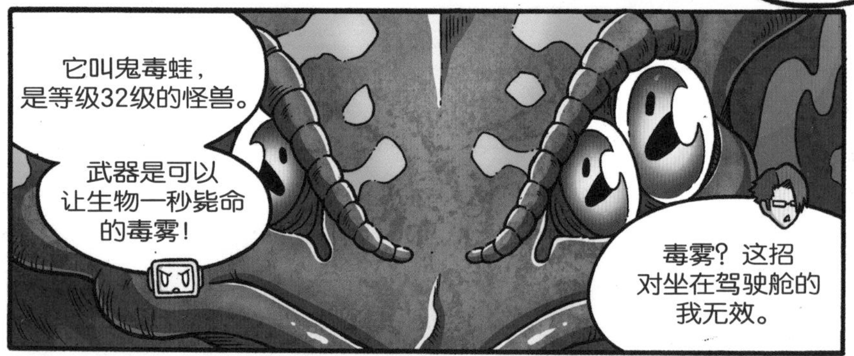
它叫鬼毒蛙，是等级32级的怪兽。
武器是可以让生物一秒毙命的毒雾！
毒雾？这招对坐在驾驶舱的我无效。

让我来打败鬼毒蛙！
嗖！

嘶！

臭小子，
居然抢先
攻击！

放马
过来吧！

嘶——
！！

嗖！

这是怎么回事？鬼毒蛙的毒雾应该不会有这种效果啊！
为什么它的毒雾能腐蚀掉钢铁？

那个幽暗术士不是正在做怪兽实验吗？
看来这些怪兽都经过了改造，变得更强了。

毒雾……

咚！

只好拼了！
雾是不是液体？

那就把毒雾蒸发掉吧！
呼——

吱——

唰！

这些蓝色的东西是什么？看起来像腊肠，就叫它们“蓝色腊肠”吧！

这些怪兽到底有完没完？我们已经连续闯了三关了！

不知道小宇他们怎么样了……
嗖！
小宇最好别被怪兽吃了，我还想教训他一顿！

不会的，小宇很快就会赶来这里救我们了。
谁要他救啊！我们自己会解决！
哈琪，别那么凶啦！

哈娜，异星调查局是不是已经开始调查幽暗术士了？

是的，但调查才刚刚开始。总部这次就是派我们来逮捕幕后黑手的。

原本应该先和其他队伍会合的，但我们好像先一步进入敌人的巢穴了。
不必等他们！这次的任务就由我们来完成吧！

我们女生
就算是公主，
也是背着大
剑的公主！没
有完成不了
的任务！
说得好呀！
大姐！

女之力！
万岁！
我是男生……

不过还是
胖胖的小弟弟
最可爱！
大姐！

不错，
不错，果然是
女中豪杰。
啪
啪
绿衣人
又出现了！

喂！你说
每过一关就会
回答我们一个
问题，毛利舞
者队已经闯过
三关了！

很好，我就
允许你们提
三个问题吧！

为什么放任怪兽在地球伤人？为什么掀起艾亚姆王国的战争？

我是怪兽术士，一切都是为了怪兽研究……

把怪兽放在地球人聚集的地方是为了测试它们的杀伤力。
这些测试可以为我们穆玛星军队的战斗力提供数据参考。

至于艾亚姆王国，是因为艾亚姆人的习性和地球人非常相似。
有利于我推测如果地球也出现了巨兽，地球人究竟会有什么反应。

杀害人类来收集数据，你把地球人当实验品吗？

高等生物有主宰低等生物的权利，这不也是地球人一直信奉的准则吗？
?
?
?

地球的食品、药品，甚至是化妆品等，上市前须用地球的低等生物来做实验研究。
对我们来说，你们地球人也是低等生物，为什么就不能把你们当实验品？

动物实验是有规范的。
呵呵，用这种自以为是的怜悯来合理化你们的行为，太虚伪了吧！

地球人并不完美，但这不代表我们都赞同这种实验，我们会努力去改变现状。
倒是你们，把折磨生命当游戏，如果让小宇知道的话……

他一定
不会放过
你们！
三个
问题回答完毕，
下一个对手在你
们的背后。

这是深红
角牛，你们可
以选择战斗或不
战斗，祝你们
好运！

不战斗
难道要
认输吗？
上吧！

砰！
砰！
砰！
砰！

！

咕
噜
保护罩！

哇啊！

子弹反弹
回来了！

子弹不
行就用拳
头吧！
嘭！

嘭!

姐妹们，
合体吧!

把你烤成
牛排!
呼

咻!
咻!

知识小百科

基因的遗传

生物的外形和行为是可以由基因遗传来决定的。遗传学之父格雷戈尔·孟德尔的豌豆实验证实了这个理论，孟德尔还提出两个定律和一个原则，分别是分离定律、自由组合定律和显性原则。

孟德尔的豌豆实验1

分离定律： 生殖细胞里的成对基因分离后，将进入不同的生殖细胞中。

显性原则： 当显性基因和隐性基因并存时，只有显性基因的性状会表现出来。而当两个隐性基因并存时，隐性基因的性状才会表现出来。

纯种的高茎豌豆和纯种的矮茎豌豆进行杂交培植。

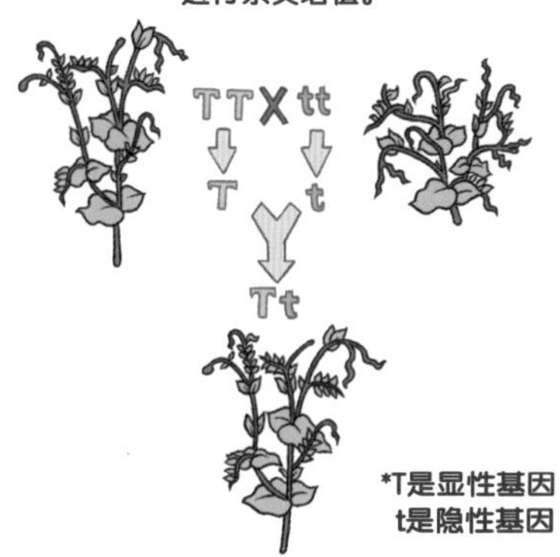

*T是显性基因
t是隐性基因

实验结果： 第一代的豌豆是高茎。

第一代的高茎豌豆进行杂交培植。

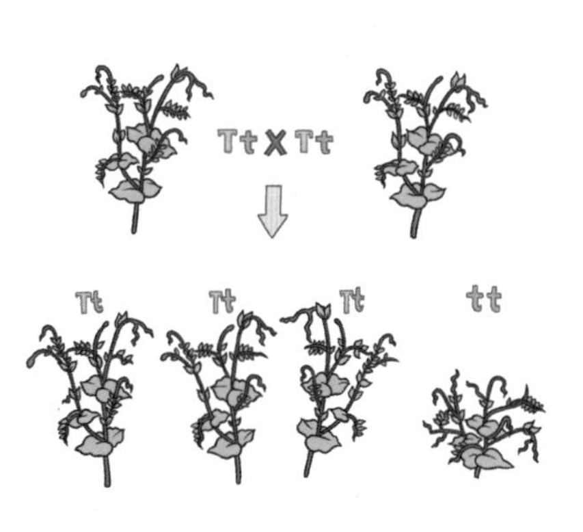

实验结果： 第二代的豌豆有矮茎豌豆和高茎豌豆，比例是1：3。

孟德尔的豌豆实验2

自由组合定律： 生殖细胞里的成对基因分离后，会随机地进行配对。

两种具有不同性状的豌豆进行杂交培植。

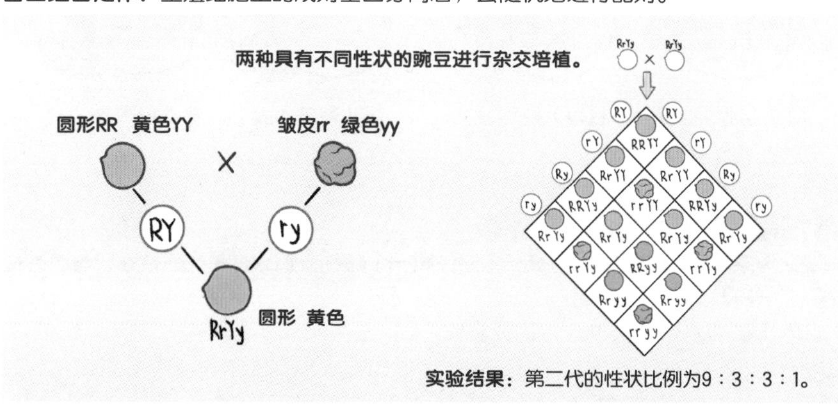

实验结果： 第二代的性状比例为9：3：3：1。

显隐性基因表现

人类的基因是成对的，分别来自父亲和母亲。基因所表现的性状有显性、半显性和隐性等。不过有些生活环境和习惯会影响基因的表现，例如有些孩子在缺乏营养或压力过大的情况下，身高或许就不一样了。

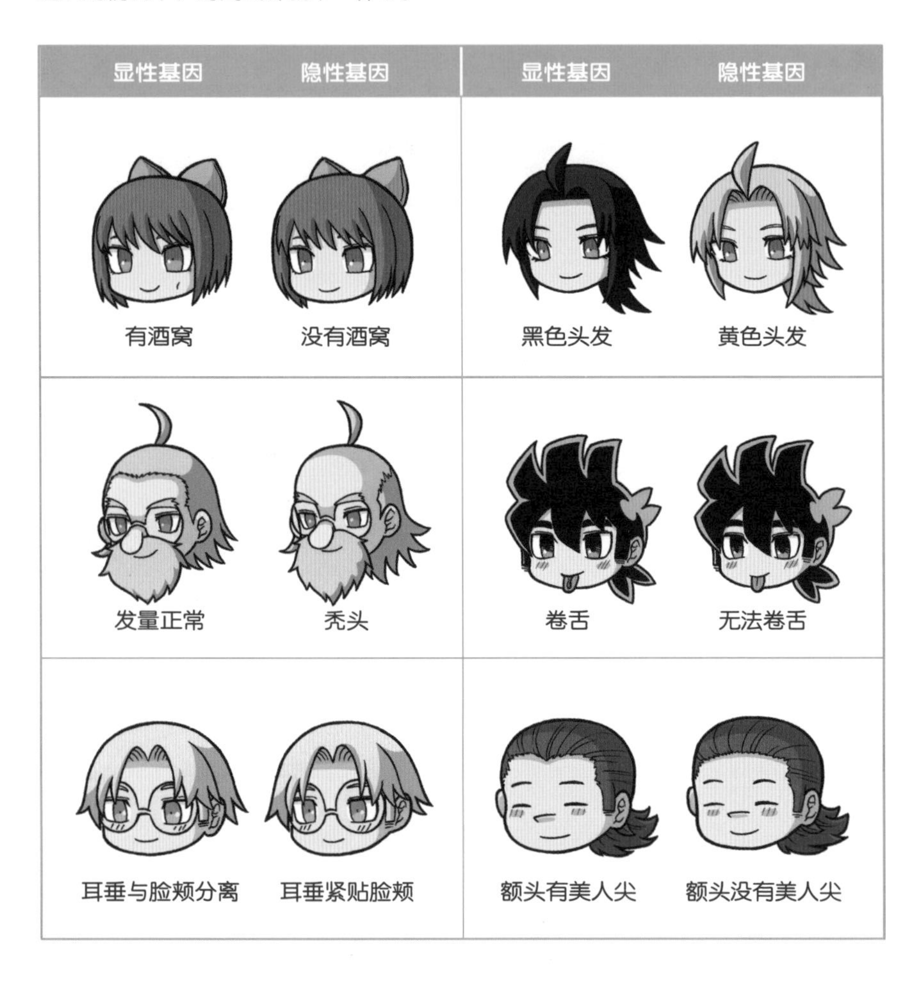

显性基因	隐性基因	显性基因	隐性基因
有酒窝	没有酒窝	黑色头发	黄色头发
发量正常	秃头	卷舌	无法卷舌
耳垂与脸颊分离	耳垂紧贴脸颊	额头有美人尖	额头没有美人尖

隐性基因性状出现的概率

假设父母某个性状的基因型都是一个显性和一个隐性，那么其子代显性性状与隐性性状的比例为3：1。

第6章
怪兽，请让我靠近你

小尚加入了
异星调查局？

那是道雄局长答应重启X基地的条件，而且小尚也很乐意加入。

之前你为了让世界正视外星人的威胁，发动了战争，企图改变世界的制度。
220
小尚虽然不赞成你的做法，但你的想法或多或少也影响了他。

我今天来还有另一件事想跟你说……
我们一直以为已经消失了的老朋友……

他回来了。
阿空
!

阿空……
他还活着?

他想请你帮忙,
他说什么……幽暗
术士和罗洛提
回来了。

罗洛提……

当年……
我在印度第一次
遇到的外星人
首领就叫
罗洛提……
罗洛提一出
现……就把我的
部下全灭
掉了……
……

外星帝王
啪嚓
啪嚓
啪嚓

!

咕
噜
咕
噜
这个时候
吹泡泡?

啪嚓!
呜哇!

咕噜

啪嚓!

冰爆弹！
咻！
咻！
咻！

锵！

别再攻击了，物理攻击对它无效！
啪嚓！

深红角牛一遇到攻击就会张开保护罩，并弹开一切威胁它的东西！是防御能力非常强的怪兽！
那要怎样靠近它？钥匙就挂在它身上！

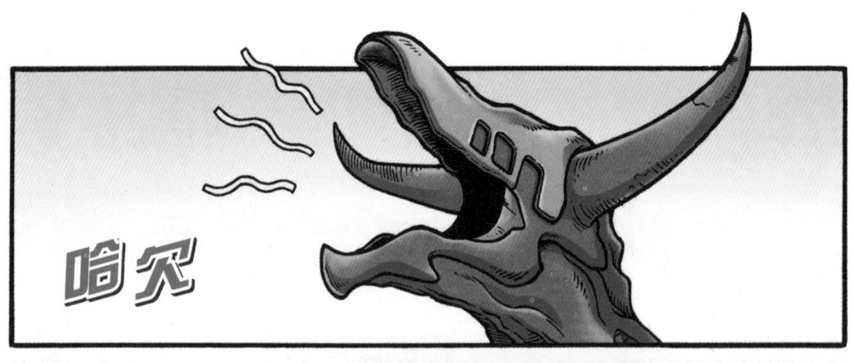
哈欠

它躺下来了。

怎么回事？它没有任何反击的意图。

这个时候躺下来休息，这臭牛是在小看我们吗？

怎么办呢？这个时候小尚会怎么做？

或许……

小胖弟弟！你干什么？
石头！你又打什么主意？
交给我吧！
哞！
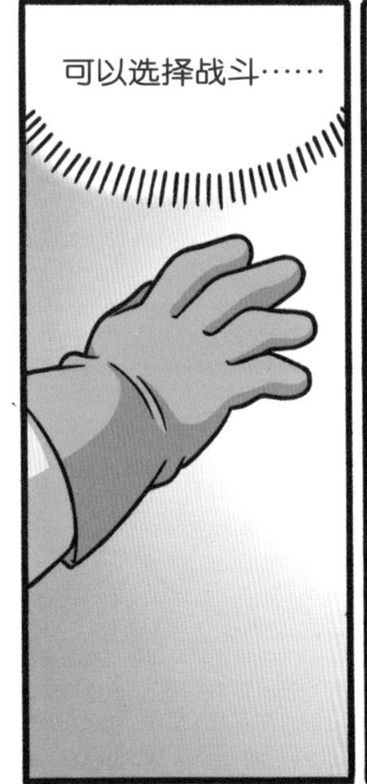
可以选择战斗……
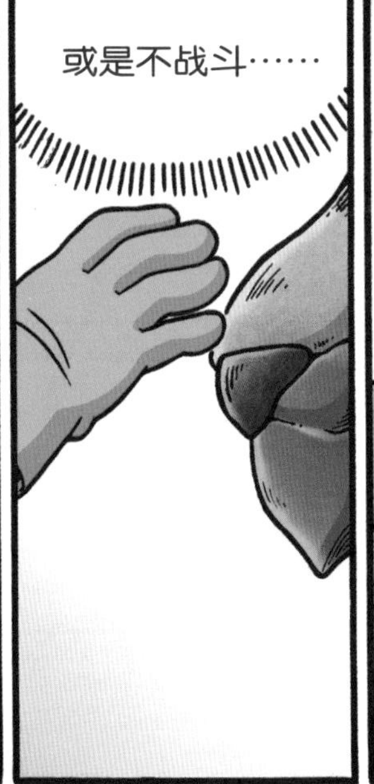
或是不战斗……

这样的话……

它居然
不攻击！
果然如此，
只要它感觉不
到杀气，它就
不会反击。

想一想
幽暗术士说
的话，我就知
道不战斗也是
一种方法！
小胖弟弟
好聪明！

我们都被
引导去思考如何
战斗了。
逆向思考
是小尚教会
我的事。

原来我们都
被幽暗术士
耍了，不过他
会不会又说我
们犯规？

我没参战啊！
我只是靠近这只
怪兽，不知为何
就赢了。
隆
隆
石头，
你怎么变得
这么狡猾了？

隆
隆
！

这是……

怪兽孕育
装置?
这些看起来
像是改造失败
的怪兽。

地球有那么多外星怪兽，幽暗术士是怎么把它们运过来，还不被发现的呢？

除非他带来的只是基因，然后到了地球才复制出来……
他刚才还提到了军队，难道这些怪兽都会被投入军事用途？
他们想侵略地球？

宇宙蚁狮会因为进食不同的生物而长出不同形态，让它吃人类，该不会是……
他想把宇宙蚁狮改造成高智慧怪兽？

怪兽等级的高智慧士兵……

难道捕捉其他外星人是为了把他们的特殊能力植入到这些怪兽身上？

好可怕，幽暗术士他们真的想侵略地球吗？但是总感觉……

事情没那么
简单！

基因突变

基因突变分为遗传性突变和体细胞突变，即基因内部出现了变异，可能会导致基因无法正常表达。

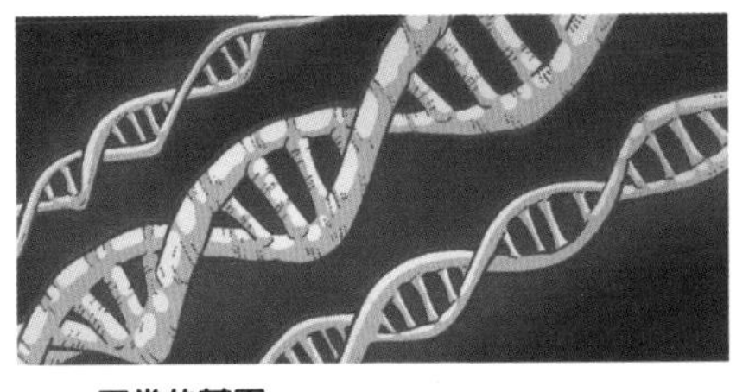

▲ 正常的基因

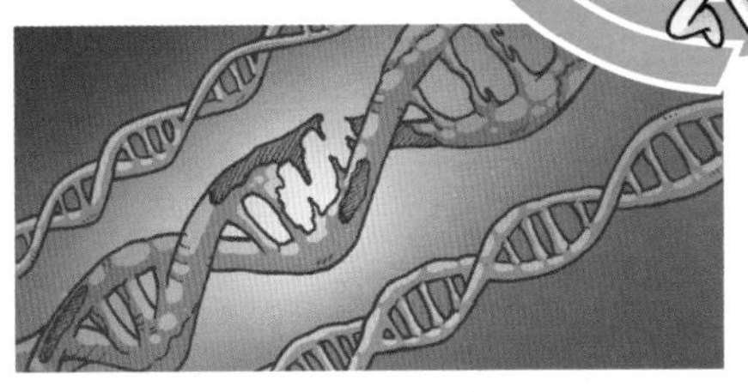

▲ 突变的基因

遗传性基因突变是发生在生殖细胞里的基因变化，是从父母那里遗传而来的。父母携带遗传性致病基因，会让孩子也成为致病基因的携带者。当孩子同时遗传父母的致病基因，就产生了患病的风险。

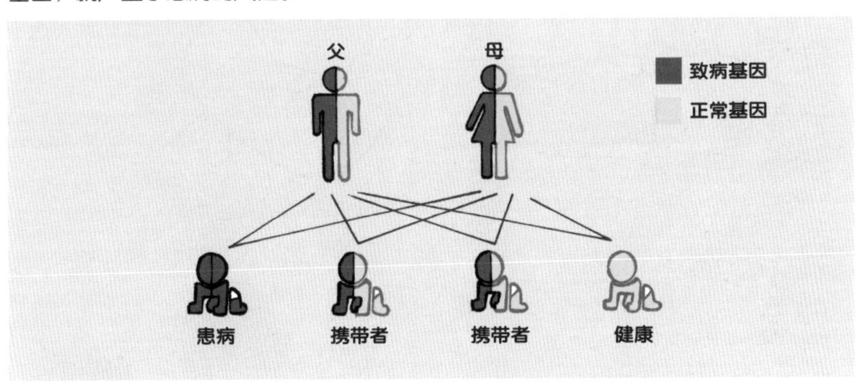

基因突变的体细胞并不会遗传给下一代，它是由以下两个因素导致的。

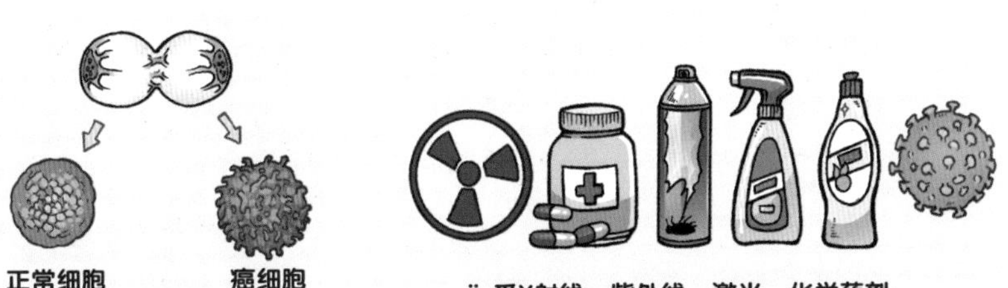

i.细胞分裂出错

ii. 受X射线、紫外线、激光、化学药剂、香烟烟雾和病毒等外来因素影响

一般情况下，基因突变不会对人体产生不利的影响，但也有可能会发展成癌症或肿瘤。在极少数情况下，基因突变会提高生物的环境适应性及生存优势，促进生物的演化。

基因检测

基因检测是一种通过血液、唾液、毛发等对DNA进行检测的技术，配合相关设备的使用，判断基因是否有异常，以及潜在的患病风险。通过胎儿羊水穿刺，也能检测未出生宝宝的健康状况。

基因检测的好处是让人们预先知道患病的风险，可以有效预防疾病或减轻病发的程度。同时，检测患者对药物是否有过敏反应及药物是否有副作用，让医生采用更恰当的药物和疗法，以确保最佳的治疗效果。

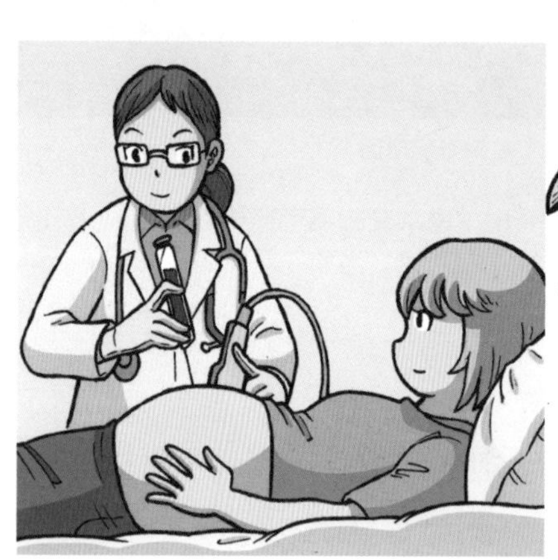

基因编辑

基因编辑是实现目标DNA片段敲除、置换和插入等操作的技术方法。

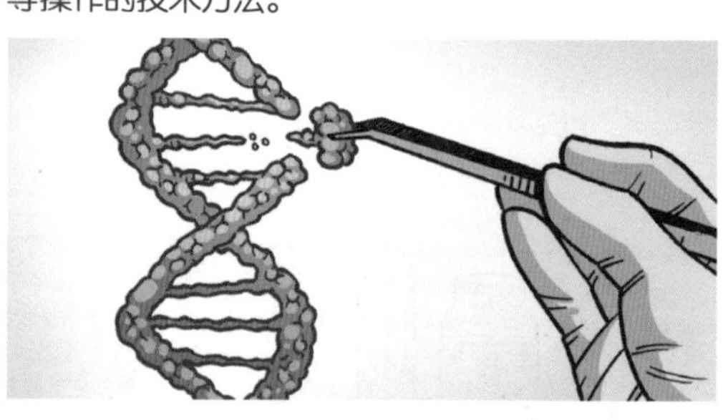

针对生殖细胞的基因编辑，除了能杜绝罹患某种疾病外，还能改善孩子的智力及相貌。由于涉及改变人类的遗传性状，因此这项技术备受争议。试想，如果智商、体能和健康各方面都很优秀的“完美基因”大量出现，普通人该如何在社会上生存？

第7章
为了教训你，特别破例！

咦？那不就是小宇他们任务里的怪兽吗？
哐啷！

嘿嘿，看来那只黑毛猴没有完成任务呢！
是时候证明我比那只黑毛猴厉害了！

嗖！

咔嚓！
！

砰！
砰！

嗖！

四方战士合体！

敢踩在我头上，我要你付出代价！

啪嚓！

你完蛋了！

叽——
！

这噪
声……
越来越
刺耳了！

啊……
这是什么怪
音……

吼——

嘻嘻，
真好玩。
这些地球人
恐怕会为了你
而战死在这里，
这样也没问
题吗？
拜托你
住手！别再折
磨他们了！

你应该知道
我要什么。
我……我
答应你好了。

这样就对了。

乖乖启动
唤星石吧！
嗡

很好，这样
就能找到所
有的……

咦？

怎么震动
得这么厉害，
难道这附近
有……

轰!
啪嚓!

!!
这……
这能量……
啪
不就是
我们正在寻
找的……

星体
元素！
找到你了！
你怎么
这么快就到
这里了？我
的怪兽呢？

你的怪兽？

一部分
已经被
烧焦了。

其余的奥斯
顿和永贝里会
解决！

本来我
并不想释放太多
能量，但今天为
了教训你……

特别
破例！

嗖!
轰!

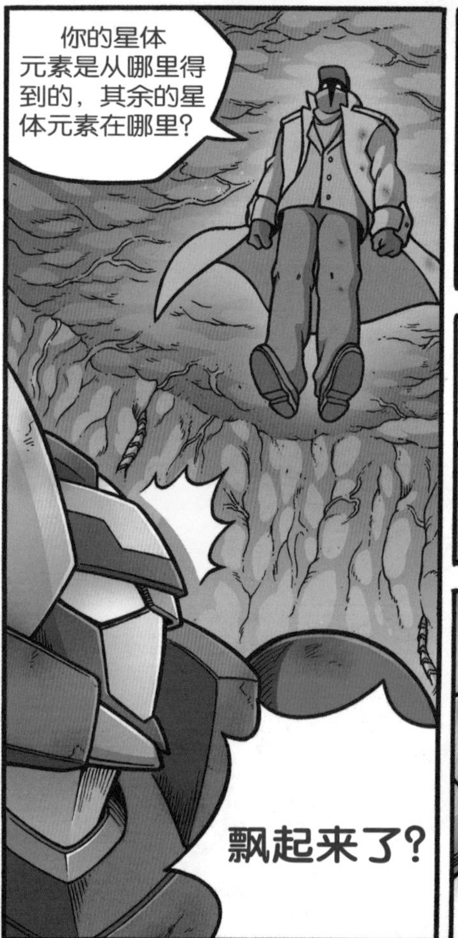
你的星体元素是从哪里得到的，其余的星体元素在哪里?
飘起来了?

你先回答我的问题！小天在哪里?

小天?

你的女同伙拐走的那个小孩!

哦？你是指那个流着某个外星人的血液，能治疗一切伤势的小鬼吗？
原来露玛儿已经抓到他了……

那么估计他……
已经死了吧！

啪嚓！

又发出
噪声了？
吼——

不行了，
头好晕啊！
嗖！

啪嚓！
啪嚓！

那三个姐妹为什么突然变弱了？
啪嚓！
啪嚓！
噪声……弄得我呼吸困难……

不行，我们对付不了这只怪兽……

小宇，快来啊！
啪嚓！

轰!

有性繁殖

生殖细胞会进行减数分裂，也就是染色体的数目减半。直到卵子与精子结合成受精卵，才会恢复染色体的个数。而受精卵的每一对染色体，都是由卵子和精子各自提供一条，再重新配对组成的。被子植物和哺乳动物等都是通过有性繁殖方式繁殖后代的。

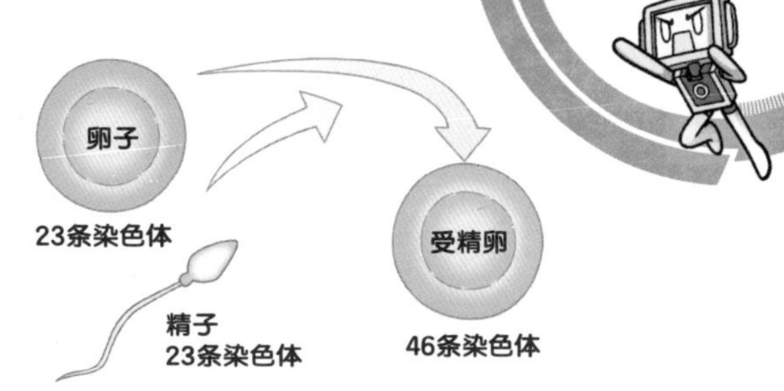

无性繁殖

生物体不需要精子和卵子的结合，就能生产出一个新的个体。无性繁殖可分为分裂生殖、出芽生殖、营养生殖、孢子生殖等。虽然这样的繁殖速度较快，不过若遇到环境的改变，由于它们之间没有差异性，因此会很容易被新环境毁灭。

分裂生殖

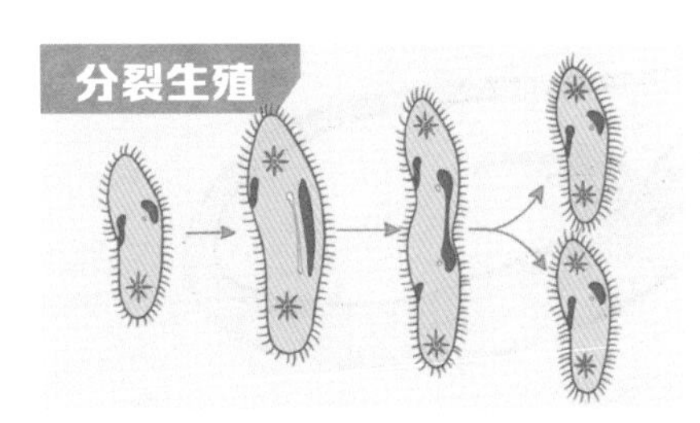

细胞分裂，就能产生两个新个体。例子：草履虫、细菌等。

出芽生殖

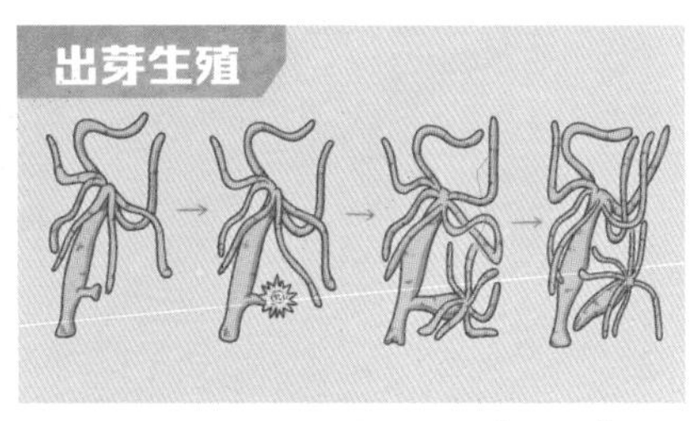

生物的身体长出新的芽体。在母体的供养下，芽体逐渐长大，最后脱离母体而形成一个新个体。例子：水螅等。

营养生殖

利用植物的营养器官，如根、茎、叶来繁殖新的植物体。例子：土豆的茎等。

孢子生殖

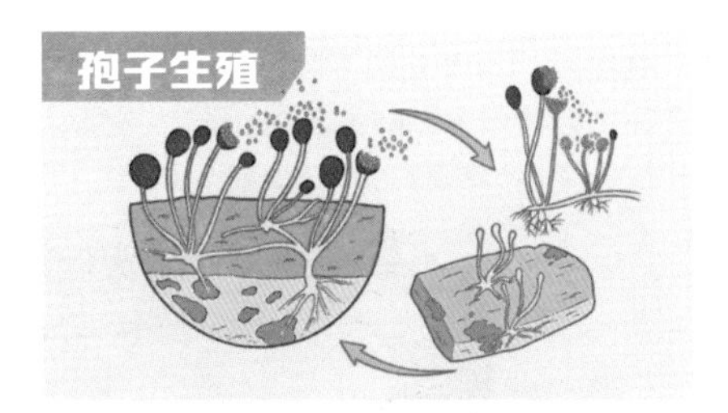

生物产出大量的孢子。孢子会随风飘散去别的地方，长成新的个体。例子：香菇等。

单性生殖

又称为“孤雌生殖”，指的是生物的卵子不需要经过受精的过程，就能独自孕育下一代。单性生殖一般发生于植物和一些无脊椎动物中。不过一些脊椎动物也会出现单性生殖的情况，如科摩多巨蜥、火鸡等。

如果生产的后代全为雄性，那么称为“产雄单性生殖”，例如雄蜂，它们都是由未受精的卵发育而成的。

如果生产的后代全为雌性，则称为“产雌单性生殖”，其中一种鞭尾蜥便只有雌性。

能够改变性别的动物

黄鳝的体形类似于蛇，体长一般约为40厘米，最长可达1米。黄鳝一出生就是雌性，直到成熟后，为了繁殖下一代，它们才会改变性别，变成雄性。除了黄鳝，其他动物如鹦嘴鱼、金黄突额隆头鱼等也会转换性别。

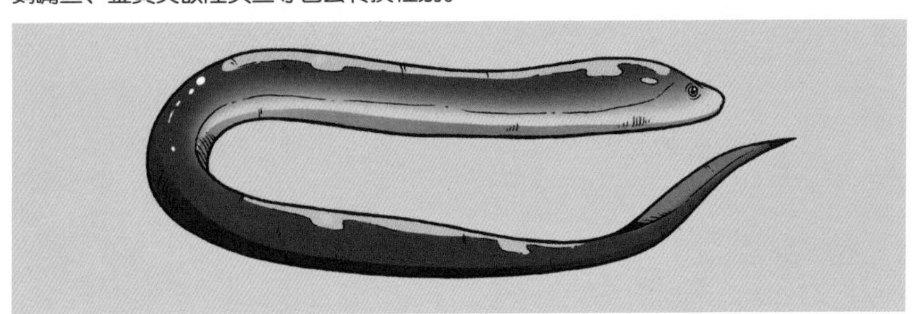

第8章
魔吼兽的克星

咦？
好熟悉
的机器人，
连魔吼兽也
在这里！
是那只
黑毛猴！

不玩了！
魔吼兽，保护
我离开！
嗖！

吼——
啪
嚓！

又是这招！

咻！
叽——
可恶……
手不听使
唤……

我的“怪兽基地”
痛得快承受不住了，
我先走一步，祝
你们好运！

什么
意思？
你……
别走！
再见了。

我还没
问出小天的
下落！

啪嚓！

嗖！

可恶！
嗖！

啪嚓！

啪嚓！

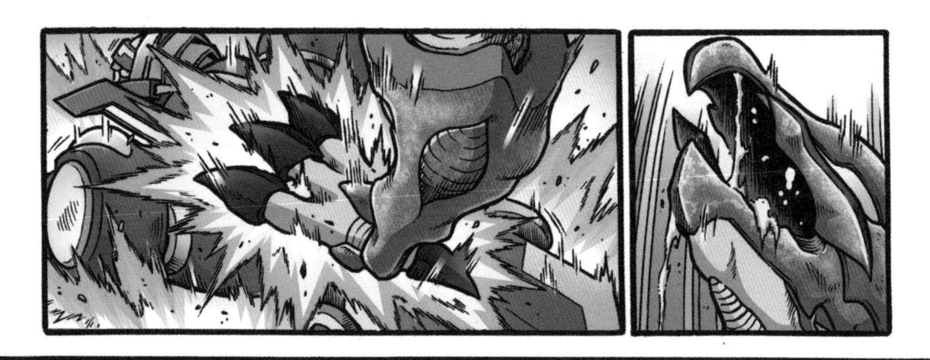

叩——

可恶……
耳朵好痛……
叽——
叽——
这样下去的话……
叽——
叽——
叽——
大家都会……
丧命！
叽——

人能听到的声
音频率为
20~20000
赫兹。

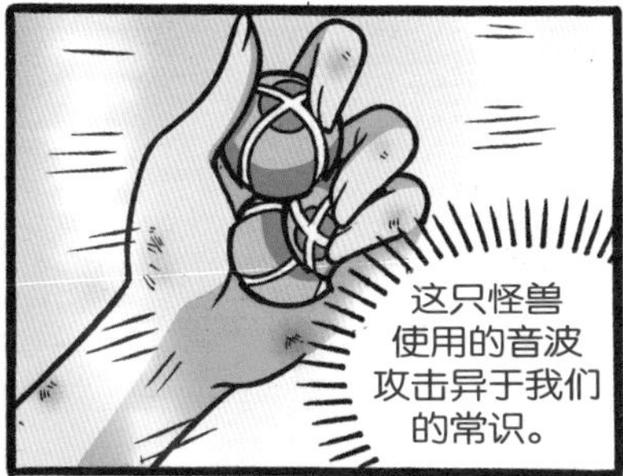
这只怪兽
使用的音波
攻击异于我们
的常识。

青少年的听觉
较为敏感，听了
会造成严重的伤
害，但这只怪兽
却误判了……

地球成年人
的耳朵！
哐！
哐！
哐！

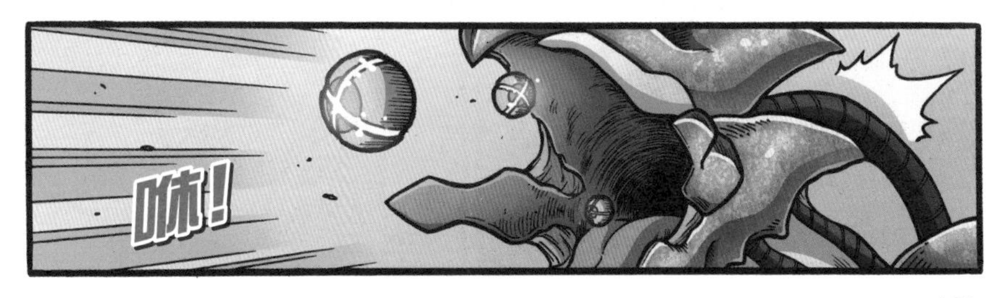
咻！

轰！

安娜姐！

哒！
臭怪兽，你遇到了一个对音波不敏感的女人！

我戴安娜
就是你的
克星！

我懂了！
老女人听不到
这种音波！
什么老女
人？说话
小心一点！

哒！
快点想
办法逃出这
里啦！

哦？你们是
里面那群小鬼
的同伴？
隆
隆

幽暗术士？
小宇他们怎么
样了？
小宇？
可能已经丧
命了吧！

不如我送你去
见他们吧！
嗖！

啪
嚓！
！

这是……

轰隆！

这震动是怎么回事？
感觉地面正在上升！

什么？

水坝基地

绮莉……

咦？
你是……
达文西？

好久不见啊！好想念你的厨艺！
好久不见啊！

你的头更秃了。
你们离开了十多年，我的头能不秃吗？

达文西，
谢谢你给了我
联络资料。
有了老朋友
的帮忙，小天
会更安全。
那些
外星人为什么
要抓走小天？
说来话长，
小天在宇宙
旅行期间，身
体发生了一些
变化。
他的血液
混入了一种
拥有治愈能力
的凤凰星人
血液。

凤凰星已经
毁灭。
平方堂
PING FANG TANG
小天是
这血统的唯一
继承者。

凤凰星人的血液
是身负重伤的穆玛
星帝王虎视眈眈的
血液！

所以这一
次我需要大家
的帮忙。
NEW MESSAGE
该联络的
人，我都已
经联络了。

罗洛提的
手下——幽暗
术士正在四处
寻找小天。
我们得比
幽暗术士早一
步找到他。

如果
罗洛提恢复了
力量，这对地
球来说将是一
场灾难。

我的老朋友
啊……

是时候
一起并肩作
战了。
困兽游戏 ·完

知识小百科

血型的遗传

血型依据红细胞表面有无特异性抗原来决定，最常见的血型系统是ABO（A、B、AB和O）系统和Rh（Rh阳性+、Rh阴性-）系统，最基本的八种血型分类为：A+、A-、B+、B-、O+、O-、AB+和AB-。

父亲血型	子女血型			
	母亲血型为A时	母亲血型为B时	母亲血型为O时	母亲血型为AB时
A	A、O	A、B、O、AB	A、O	A、B、AB
B	A、B、O、AB	B、O	B、O	A、B、AB
O	A、O	B、O	O	A、B
AB	A、B、AB	A、B、AB	A、B	A、B、AB

A型和B型血父母可生出O型血孩子，这是因为A和B是显性基因，O是隐性基因。

小知识 人类、动物和植物都有血型之分。植物虽然没有红细胞，但却有和人类红细胞表面相似的物质，由它决定植物的血型。

了解自身血型的好处有很多，特别是孕妇在产前需进行血型检测，如果母子的Rh血型不合，可能导致胎儿因溶血反应（红细胞破裂）而胎死腹中。血型能预示疾病风险，医疗机构也会公开号召特定血型的人献血，以帮助有需要的人。

自身血型	可接受	可捐给
A+	A+、A-、O+、O-	A+、AB+
B+	B+、B-、O+、O-	B+、AB+
AB+	所有血型	AB+
O+	O+、O-	O+、A+、B+、AB+
A-	A-、O-	A+、A-、AB+、AB-
B-	B-、O-	B+、B-、AB+、AB-
AB-	AB-、A-、B-、O-	AB+、AB-
O-	O-	所有血型

小知识 在输血之前，医生会对输血者和受血者的红细胞和血清进行交叉配对，确保不会出现血液不相容的情况才能进行输血，避免溶血性贫血、肾衰竭、休克和死亡等不良反应的发生。

植物的繁殖

植物的繁殖可分为有性繁殖和无性繁殖。

植物有性繁殖的第一步是授粉，雄蕊顶部的花药会产生花粉，经昆虫或风力传播。大部分的花都是雌雄同株，意即同时有雌蕊和雄蕊的构造。花粉能在同一朵花或两朵不同的花之间传播。花粉粒落在柱头后会长出花粉管，一直延伸到子房的胚珠里。胚珠受精后会发育成种子，种子长成新的植物。

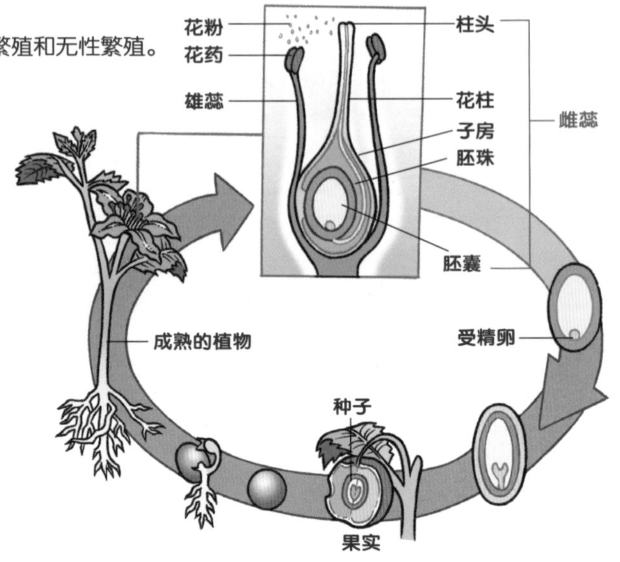

植物的无性繁殖没有受精的过程，而是由母株的一部分诞下新个体，一般情况下两者会有相同的基因。

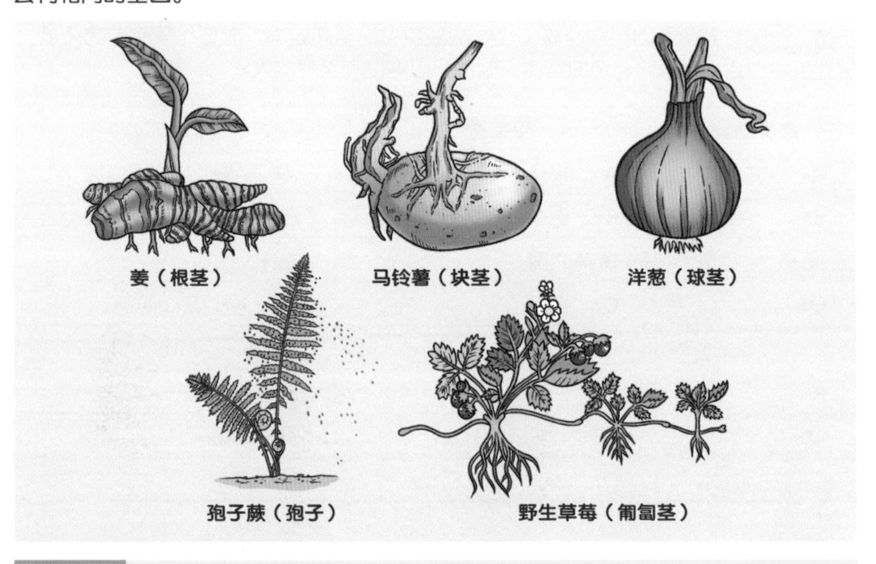

小知识 相较于无性繁殖，有性繁殖的后代具有更大的变异性，使植物在面对如疾病和害虫等恶劣情况时更有利。

习题

习题

01

细胞可分为（　）和（　）。

A.真核细胞；原核细胞　　B.真核细胞；米核细胞　　C.真核细胞；太核细胞

02

人类一共有多少对染色体？（　）

A.13对　　B.23对　　C. 33对

03

转基因技术的优点是什么？（　）

Ⅰ生产有利于人类的物品

Ⅱ延长食物的保存期

Ⅲ能够抵抗害虫

A. Ⅰ与Ⅱ　　B. Ⅰ与Ⅲ　　C. Ⅰ、Ⅱ与Ⅲ

04

通过无性繁殖，复制出跟原生命体基因型相同的后代的技术被称为（　）。

A. 说隆　　B. 延隆　　C. 克隆

05

克隆是医学界的一大突破，为什么却遭受争议？（　）

Ⅰ干扰社会和自然的发展

Ⅱ成本高，成功率低

Ⅲ能够解决器官移植的问题

A. Ⅰ与Ⅱ　　B.Ⅰ与Ⅲ　　C.Ⅰ、Ⅱ与Ⅲ

06

生物的外形和行为是由什么来决定？（　）

A. 基因遗传　　B. 染色体遗传　　C. 细胞遗传

07

在孟德尔的豌豆实验中，实验结果显示只有两个隐性基因并存时，（　）的性状才会表现出来。

A. 显性　　B. 隐性　　C. 特性

08

基因突变可由什么因素导致？（　）

Ⅰ 紫外线

Ⅱ 细胞分裂出错

Ⅲ 化学药剂

A. Ⅰ与Ⅱ　　B. Ⅱ与Ⅲ　　C. Ⅰ、Ⅱ与Ⅲ

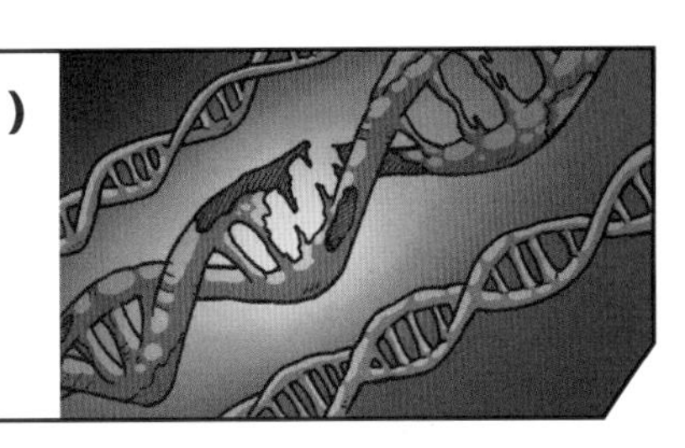

09

基因检测能通过什么对DNA进行检测？（　）

A. 胃液　　B. 血液　　C. 肠液

10

虽然无性繁殖的速度较快，但是容易被新的环境淘汰，这是为什么呢？（　）

A. 因为能独自孕育下一代

B. 因为不需要精子和卵子的结合

C. 因为母代与子代之间没有差异性

11

一些生物的卵子不需要经过受精，就能独自孕育下一代，这称为（　）。

A. 产雌单性生殖　　B. 孤雌生殖　　C. 卵雌生殖

12

血型是根据什么来决定的？（　）

A. 红细胞表面的特异性抗原　　B. 白细胞表面的特异性抗原

C. 血清表面的特异性抗原

答案

01. A	02. B	03. C	04. C
05. A	06. A	07. B	08. C
09. B	10. C	11. B	12. A

著作权合同登记号：图字 13—2021—112 号

图书在版编目（CIP）数据

困兽游戏：遗传与克隆 /（马来）文煌，（马来）周文杰著；氧气工作室绘．— 福州：福建科学技术出版社，2023.1
（X 探险特工队科学漫画书）
ISBN 978-7-5335-6832-0

Ⅰ．①困… Ⅱ．①文… ②周… ③氧… Ⅲ．①遗传学 - 普及读物②克隆 - 普及读物 Ⅳ．① Q3-49 ② Q785-49

中国版本图书馆 CIP 数据核字 (2022) 第 179925 号

书　　名　**困兽游戏：遗传与克隆**
　　　　　X 探险特工队科学漫画书
著　　者　［马来西亚］文煌　［马来西亚］周文杰
绘　　者　［马来西亚］氧气工作室
出版发行　福建科学技术出版社
社　　址　福州市东水路 76 号（邮编 350001）
网　　址　www.fjstp.com
经　　销　福建新华发行（集团）有限责任公司
印　　刷　福建新华联合印务集团有限公司
开　　本　889 毫米 ×1194 毫米　1/32
印　　张　5
图　　文　160 码
版　　次　2023 年 1 月第 1 版
印　　次　2023 年 1 月第 1 次印刷
书　　号　ISBN 978-7-5335-6832-0
定　　价　28.00 元
　　　书中如有印装质量问题，可直接向本社调换